La guía definitiva para aficionados

Una guía hágalo usted mismo

Paneles Solares

Cómo crear, diseñar e instalar todos sus proyectos relacionados a paneles solares.

Samuel Bell & Alan Delfín

Dedicado a las personas que han inspirado este libro y no lo leerán. Es broma, dedicado a Tequila José Cuervo Especial

#josecuervosponsorme

Copyright © 2018 - Alán Adrián Delfín Cota. Todos los derechos reservados.

El contenido de este libro no puede ser reproducido, duplicado o transmitidos sin permiso directo por escrito del autor.

Bajo ninguna circunstancia ninguna responsabilidad legal o la culpa se celebrarán en contra del editor para cualquier reparación, daños o pérdidas económicas debido a la información en este documento, ya sea directa o indirectamente.

Aviso Legal:

Este libro está protegido por derechos de autor. Esto es sólo para uso personal. No se puede modificar, distribuir, vender, usar, cita o paráfrasis cualquier parte del contenido de este libro sin el consentimiento del autor.

Aviso de exención de responsabilidad:

Tenga en cuenta la información contenida en este documento es para fines educativos y de entretenimiento. Cada intento se ha hecho para proporcionar información precisa, actualizada y completa, fiable. No hay garantías de ningún tipo se expresa o implícita. Los lectores reconocen que el autor no está participando en la prestación de asesoramiento jurídico, financiero, médico o profesional.El contenido de este libro se ha derivado de diversas fuentes. Por favor, consulte a un profesional con licencia antes de intentar cualquiera de las técnicas descritas en este libro.

Mediante la lectura de este documento, el lector está de acuerdo en que bajo ninguna circunstancia es el autor responsable de las pérdidas, directas o indirectas, que se haya incurrido como resultado del uso de la información contenida en este documento, incluyendo, pero no limitado a, -errors, omisiones o inexactitudes.

Contenido

INTRODUCCIÓN 9
    Por qué Sistemas de paneles solares? 9
    Porque los paneles solares le beneficiarían. 11
    Que es la energía solar y porque es tan importante para nosotros? 13
    El futuro de la energía solar 15

Capítulo 1 18
Conceptos básicos de la electricidad 18
    Corrientes electricas 18
    ¿Qué es un vatio? 18
    Que es la corriente electrica 19
    Circuito paralelo VS Serie 20
    ¿Que es un *circuit breaker* y porque es importante? 22
    Cómo realizar una prueba a un Breaker 23
    Law de Ohm 25

Capítulo 2 27
    Introducción a la Energía Solar 27

Capítulo 3 30
Elaborar fácilmente tus paneles solares 30
    Construir un panel solar 32

Capítulo 4 34
Tips básicos para la instalación de paneles solares 34
    Primero lo primero 34
    Cerciorece su sistema esta asegurado 34
    Asistencia en la instalación 35

Que es una célula solar? 35

Eficiencia Celdas Solares 37

Capítulo 5 39

Caractetisticas de los sistemas fotovoltaicos 39

Capítulo 6 43

Que buscar cuando se compra un inversor solar..............43

Tipos o categorías de inversores 43

Interconectados 43

Aislado 44

Categorías de inversores 46

Inversor de onda cuadrada 46

De onda modificada cuadrada 46

De onda sinusoidal 46

Inversores de corriente directa a corriente alterna 47

Inversores en aplicaciones de vehículos recreativos 48

Capítulo 7 50

Paneles solares modulares o tejas solares 50

La elegancia visual de las tejas solares.............................50

Precio de las Tejas solares...51

Tiempo de vida 51

Eficiencias en ambos materiales 52

Tipos de conversores básicos...53

1.-Aislado 53

Flyback 54

Forward 54

2.-No aislados 55

Ventajas y desventajas de construir tus propios paneles solares 56

Review de los tipos de paneles solares 59

Capítulo 8 63

junction box, switch box, two gang-box ir lunch box. ¿Cuál caja utilizo? 63

   Plástico 65

   Metal 66

   Remodelar 67

   Aluminio fundido 68

   Formas 68

     Octagonal 69

Capítulo 9 71

Conectando las cajas eléctricas a los equipos caseros 71

   Tips de seguridad para cablear tu casa 72

     1.-Desconecta la luz 73

     2.-Realiza una prueba 74

     3.- mantente atento 74

     4-herramientas 74

     5.-materiales 75

     6.- Utiliza cajas de junta 75

     7.- Arreglar cables viejos 75

     8.- Resuelve cualquier problema con un Breaker o un fusible 75

     9.-No sobrecargues de electricidad 76

Capítulo 10 77

Soldando paneles solares juntos. Una introducción a Cómo construir tu mismo tus paneles solares 77

   Celdas solares y construcción del módulo 78

Capítulo 11 81

Sistema interconectado 81
   Qué pasaría si existe un corte de energía......................86
   Sistemas interconectados: ¿cómo funcionan? 87
      Inversor central 88
      Microinversor 89
Capítulo 12 92
Instala tu propio sistema interconectado 92
   ventajas y desventajas de los sistemas interconectados 94
      Las ventajas...94
      Las desventajas 95
Capítulo 13 97
Calculo de los sistemas basados en baterías 97
Capítulo 14 108
cálculo de los sistemas fotovoltaicos Interconectados 108

INTRODUCCIÓN

Por qué Sistemas de paneles solares?

¿Por qué alguien quisiera tener un montón de paneles solares en la azotea? La respuesta es bastante sencilla. De hecho, hay tres razones:

Contar con un Sistema Solar instalado en su casa se traduce en ahorros en las utilidades (facturas) de luz en el corto y mediano plazo. Algunas personas reportan un ahorro neto de tasta cincuenta porciento.

Existe un esquema en el que el gobierno de los EUA conocido como el *Feed-In Tariff Scheme (FITS)*. Esta iniciativa de gobierno permite incentivar dentro de EUA a los propietarios de casa, inquilinos y empresas ver reflejado utilidades por energía adicional producida. el esquema dicta que tola la energía que se obtiene del sol y se convierte en electricidad, es de hecho, pagada por la iniciativa FITS para promover la instalación de paneles solares. Sounds grandioso, verdad?

Instalando un sistema de paneles solares en su casa puede estar seguro de que ayuda a reducir la huella de carbono en nuestro planeta. Esto es una gran manera de volverse un poco más verde. Así que no a iniciado algo para volverse mas verde podría tomar esta iniciativa para salvar al planeta, aprovechando los incentivos de la FITS, finalmente mejorando el ambiente.

Si quisiera instalar un sistema solar en su casa y ver los beneficios desde el dia uno puede iniciar preguntando a sus familiares, amigos, colegas y asociados que recomiendan ellos relacionado a marcas o actualidad del mercado solar. Es recomendable consultar personas de su circulo inmediato, especialmente aquellas con experiencia directa dado a los siguientes factores:

1) Como fue realizado el trabajo en general - eran los instaladores profesionales, limpios, educados, etc..

2) Si el trabajo de isntalacion se completo en el tiempo estimado o hubo retrasos y si existía una buena razón para esos retrasos.

3) Si la instalación represento una buena inversión.

4) La calidad del servicio postventa y mantenimiento son buenos.

5) Y, finalmente, si lo recomendaría a otros.

Porque los paneles solares le beneficiarían.

Un panel de energía solar es una instrumento que convierte los rayos del sol en electricidad. that the converts sun's rays en electricidad. También referida como 'fotovoltaica' o célula fotovoltaica, donde foto significa solar y voltaica electricidad. The electricidad producida por estas celdas fotovoltaicas puede ser utilizada como energía en nuestro dia a dia. Estos paneles son a menudo instalados en tejados. Frecuentemente son utilizados con dos objetivos, el principal es la generación de electricidady el segundo es el calentar agua. Hoy en día, que combustibles como el carbony el petróleo se volvieron mas costosos, los paneles solares son una solución mas accesible y duradera.

Son muchas las ventajas de utilizar energía solar, tanto en lo personal como a nivel global. La energía solar es una fuente de generación de energia limpia, libre de contaminación. energy solar is un clean, fuente pollution-free of energy. Esto forma de energia es capaz de manejar todas las necesidades de un hogar . es mucho menos costosa que la energía generada por las corporaciones energeticas. Parafraseando, los paneles solares pueden generar grandes ahorros en las facturas de energia.este sistema esta avalado por los gobiernos. Hay gran cantidad de naciones que ofrecen rebajas o hasta eliminación de impuestos además de otros beneficios a aquellos que escojan producir energía solar su consumo personal. Un gran beneficio de los paneles solares es su largo tiempo de vida, de al menos 25 años. Además requieren de mantenimiento minimo y la inversión inicial es relativamente baja y esta en función del tamaño del sistema que desee instalar. Hay muchos kits disponibles en el mercado, los cuales son preparados para que cualquier persona pueda instalarlos. Generalmente instalados en azoteas, pero no limitados a ellas, dado que se pueden generar estructuras con curvas, paredes o techos en estructuras tales como estacionamientos.

Que es la energía solar y porque es tan importante para nosotros?

Muchas personas utilizan los términos enegia solar y poder solar indistita, pero no son lo mismo y lo discutiremos en futuros capítulos. Así, pues, que es la energia solar? bien, la definición mas simple sería el hecho de ser luz radiante y calor derivados del sol, la cual a sido utilizada durante siglos por la humanidad para ser aprovechada entecnologias como electricidad. De hecho, todas las energías renovables, a excepción de la geothermica y tidal, derivan su energía del sol. Además la radiacion solar, incluye el viento y las olas, hidroelectricidad y biomasa.

El hecho lamentable es que no logramos aprovechar ni el 1% de la energía generada por un minuto de sol. Eso es porque mas del sol cae a la tierra en una hora que toda la energía requerida por la humanidad en un año. ¿Impresionante?, ¿no?. Solo piensa lo que podríamos hacer que si fueramos capaz de utilizar toda esa energía. Tal vez un dia podremos, pero, al menos, nos estamos acercado a esa posibilidad.

Eres el sol que ilumina mi vida

los seres humanos necsitamos de la luz solar para que nuestros cuerpos produzcan vitamina D. Por cierto ¿Sabía usted sabe, sólo 10 minutos expuesto al sol produce toda la vitamina D que requerimosen el dia?, Asi que salga durante el dia y tome una pequeña camitana cada dia. De la misma manera que la luz solar es necesaria para nosotros, es necesaria para cosechar electricidad a través de la tecnología fotovoltaica (Photovoltaic, PV por sus siglas en ingles). Usada ya sea eléctrica o en equipo mecanico.

estos son ejemplos de tecnologías solares activas, las cuales toman la energía del sol para enerar algunos tipos de operación para volverla utilizable. Opuesto a las tecnologías solares pasivas, las cuales generan energía sin operación de sistemas mecanicos.

Las tecnologías solares pasivas incluyen algunas cosas tales como los sistemas de calefacción de agua basados en termosifón (el método en el cual el li□uido es distribuido en un circuito de bucle cerrado vertical, sin necesidad de una bomba conventional), cocinas solar y chimeneas solares. Hoy en dia, muchos edificios están diseñados para aprovechar la energia pasiva del sol, instalando grandes ventanas con dirección al sur, para aprovechar al máximo la luz solar directa.

Básicamente, todo se reduce en aprovechar toda la energía proporcionada por el sol. Poniendo estas ideas en practica reduce la dependencia de combustibles fosiles.

A menos que adoptemos la energía renewable hoy, los científicos predicen que pueda no existir futuro para las generaciones de mañana, dado por las tineladas de de emisiones excesivas que son liberadas en la atmosfera dia y noche, propiciando un cambio climatico a un ritmo alarmante. ¡El mejor momento para iniciar es hoy!

El futuro de la energía solar

Respecto al futuro de la energía solar, parece que aun hoy la opinión de las masas es que el poder solar ees algo que seguiremos utilizando en el futuro, mientras avanza la tecnología y mejora... pero el hecho es que en un par de décadas, casas enteras serán operadaws por esta tecnología y sus sistemas serán muchísimo mas baratos que hace algunas décadas. Con los avances logrados en la producción de energía (panel solar), los materiales utilizados y la mayor parte de la energía, esta es la razón por la cual la energía sesera accesible para cualquiera. ¿Cómo puede ser esto?

El futuro de algunas de ellas se explica por el hecho de que no se trata de un cargo de una persona que se dedica a este tipo de acciones, y se trata de una parte de este tipo de personas. Así es como esto se explica hoy en día. Desde un único panel de 3x5 pies, estos se ejecutan fácilmente en una computadora, una pequeña herramienta que se puede utilizar sin cargo, sin costo alguno, y sin ningún tipo de problema. ¿Cuántos de estos tendría que alimentar cada vez en su lugar para siempre? ¿Cuántos fines de semanas podrá decir adiós a pagar su recibo de luz por el resto de sus días?

Pero el futuro de la energia solar no está en producir electricidad solamente, sino también en cosas como calefacción, o incluso cocinar. Hornos solares los cuales suministraran calefacción en los hogares aun en regiones articas. Los hornos solares son muy populares por su facilidad de construcción, y la mayor parte de las piezas son materiales que se pueden reciclar de aquellos materiales descartados en los hogares.

Por ejemplo, tubos plásticos acrílicos transparentes pueden ser llenados con agua y csituarlos donde el sol pueda pasar la luz a través del material reflectante en un lado, mirando hacia dentro para funcionar como un reflector curvo parabolico / colector para los rayos del sol y ser concentrados al centro del cilindro. En centro de the cilindro, puede ser colocado un tubode aluminio, anodizado en color negro para absorver los rayos del sol y calentar el punto focal en el reflector parabolico. Acto seguido el aluminio se caliente rápida y eficientemente, colocas agua al fundo del reflector, lo que generara agua caliente. Sencillo, ¿no? Realmente el futuro de la energia solar es hoy.

Capítulo 1

Conceptos básicos de la electricidad

Corrientes electricas

¿Qué es un vatio?

Un watt o vatio, de acuerdo al reconocido sistema internacional de unidades, es una unidad derivada de poder; el poder de un sistema en el que un joule de energía es transferido por segundo. Símbolo: W.

Para el resto de nosotros es una medida de cuánta energía toma operar nuestra computadora, secadora de cabello, bombilla o abanico eléctrico. Entre mas alto el wattage mas energía usara este.

Con bombillas tradicionales el watt es usado para medir que tan brillante es una bombilla. Lo impresionante de los bulbos LED es que son mucho mas eficientes en convertir la electricidad en iluminación. Una bombilla tradicional desperdicia alrededor del 97% de energía en forma de calor. Una bombilla flourescente (CFL) alrededor de 90%. Esto is qué LED bulbs luz son energía such and cost savers:

Una bombilla LED de 5 vatios da la misma cantidad de luz como una bombilla CFL de 16 vatios y lo mismo que una bombilla tradicional nominal a 60 watts. La tecnología LED use 92% menos energía que la bombilla tradicional. Beneficiando el medio ambiente y nuestra cartera.

Que es la corriente electrica

Todos aprendimos en la escuela, en la clase de ciencias que la electricidad es un flujo eléctrico o poder eléctrico o corriente que pasa a través de un conductor o circuito. Pero la electricidad en realidad es la cantidad de electricidad dada en un momento dado que fluye por un conductor. Por ejemplo, decimos que un rio tiene una corriente fluyendo en el pero esta corriente es el movimiento del agua. Si el agua se estaciona en algún lugar, caso similar para la electricidad, es cuando el termino flujo de cargas eléctricas toma su significado.

La carga eléctrica se produce cuando los electronoes libres dejan las orbitas de sus respectivos atomos y se mueven en una dirección controlada desde un atomo a otro a través de un conductor como resultado de la fuerza o energía aplicada a ellos este movimiento de electrones libres a través de un conductor es conocido como producidos dejando orbitas al exterior de los atomos moviendo de forma controlada en dirección from un átomo to otro through la conductor as resultado de una fuerza o energía aplicada a uno de ellos. Esto movimiento de electrones libres se le conoce como deriva, el cual constutuye el flujo de corriente electrica. Entonces la corriente electrica puede ser conocida como el rango de movimiento de carga.

Circuito paralelo VS Serie

Un circuito eléctrico es formado cuando los electrones de un voltaje o flujo de corriente, pero la mayoría de los circuitos tienen mas de un equipo recibe energía eléctrica. La mayoría de los equipos están conectado en un circuito, como bulbos, resistencias o un capacitor conectados en una o mas maneras, serie o paralelo. Cuando se conecta en serie, los equipos forman un solo sentido de flujo para el electron entre terminales. Cuando es conectado en paralelo los cables forman ramas, esto significa que eso separa el camino del flujo para los electrones. Paralelo y serie ambos tiene su propia forma de conectar y son calculados usando diferentes formulas.

El circuito electrico en serie es un circuito en el cual los equipos eléctricos están conectados a través deun solo cable asi que la misma corriente de energía pasa a través de ellos. Esto sinifica que la resistencia es mayor, porque los electrones recorren el mismo camino en el circuito. La manera de calcular la resistencia total de la serie es usando la formula: $Rt = R1 + R2 + R3$. Esto significa que usando diferentes montos de resistencia en un circuito al sumarlos, la cantidad de resistencia total es suma de las resistencias. En el caso del circuito paralelo la suma es menor dado que los electrones pasan por diferentes vías y no por una sola via.

El circuitoen paralelo es un circuto eléctrico en el cual los equipos eléctricos son conectados de tal manera que el mismo voltaje actua a través de cada rama, y cada terminal completa el circuito independientemente. Podemos calcular la resistencia total en paralelo usando la siguiente formula: $1 / Rt = 1 / R1 + 1 / R2 + 1 / R3$. Usando esta formula la resistencia total es encontrada, pero es importante pensar en revertir la respuesta.

Entonces hay diferentes ejemplos de circuitos en serie y paralelo por ejemplo en los primeros vehículos las lamparas frecuentemente quemaban los bulbos. En este caso las lamparas estaban conectadas en serie. Existen mas casos, por ejemplo las luces navideñas, estas en paralelo, buscando que cuando una lámpara se funda las demás sigan operando.

¿Que es un *circuit breaker* y porque es importante?

Un circuit breaker es un protector clave que asegura que el circuito del edificio se mantenga en operación, no rompiendo circuitos dado por estimulo inapropiado. Circuit breakers son a menudo considerados defectuosos si se desconectan a menudo, lo que no es siempre el caso. Existen síntomas clásicos que indican que nuestro breaker esta defectuoso. Ellos incluyen:

1. nivel de poder no se registra (marca) en el interruptor, rara vez indica un problema con la barra bus en el panel de breakers.

2. El breaker a sido expuesto a calor extremo o humedad, lo que a menudo causa daño dentro del breaker.

3. El interruptor se mueve libremente sin fijarse en una posición.

4. Señas de quemaduras o sobrecalentamiento, tales as como el area alrededor del interruptor.

5. Señales de corrosión moderada a pesada en el interruptor.

Cómo realizar una prueba a un Breaker

Si observa uno de los signos anteriores o algo mas que crea señala el problema, se debe realizar una prueba al breaker. A continuación encontrara los métodos mas comunes y herramientas para probar los breakers o circuitos:

Amperimetro de gancho

Un amperímetro de gancho se usa para determinar si existe una sobrecarga en el interruptor de circuito, por lo que debe mover el switch interruptor en varias ocaciones para determinar si existe sobrecarga, revisar cortos y determinar la cantidad de electricidad que recorre el circuito.

Vara electrostática

También conocida como pluma de volt, esta puede indicar si un cable esta caliente sin tocarlo. Cuando se detecta un cable caliente, se enciende la luz en la vara. Las varas Electrostaticas no deben ser utilizadas cerca del suelo dado por la potencial moficacion o sabotaje de las lecturas, creando falsas lecturas.

Multimetro

Como su nombre indica, un multimetro combina dos o mas medidas en una unidad: funciones de voltímetro y ohmímetro. Esto permite al multimetro medir el nivel de tensión en el circuito y medir el nivel de resistencia, continuidad y de voltaje.

Voltimetro

Un voltímetro mide el voltaje que pasa a través de un circuito, el cual es hecho tocando uno de las terminales en el circuito que se quiere medir. Voltímetros son probablemente la herramienta de diagnostico mas comun en los hogares.

Law de Ohm

Probablemente la relación matematica mas importante entre voltaje, corriente y resistencia en electricidad descrita como la ley de Ohm. En 1827, George Ohm desarrollo la formula después de realizar varios experimentos y estudios. La formula de Ohm es usada para encontrar la resistencia requerida, voltaje o corriente para que podamos diseñar circuitos y escoger los componentes adecuados. Pro eemplo la ley de Ohm es usada para determinar el resistor correcto en un circuito cuando el voltaje es conocido y deseas limitar la corriente a un cierto valor.

La ley de Ohm se define como V = I x R, en el que V es voltage, I es la intensidad de corriente y R es la resistencia (en Ohms). Cuando usamos la ecuación en la practica, el valor de todos los componentes puede ser determinado fácilmente reescribiendo la formula. Cuando quieras encontrar la intensidad de corriente usaras:

$I = V / R$

Cuando busques la resistencia

$R = V / I.$

Determinar el voltaje

$V = I \times R.$

Capítulo 2

Introducción a la Energía Solar

La energía solar es derivada de explotar la luz del sol la cual es transformada en corriente eléctrico. En las ultimas décadas, ha avido tremendos desarrollos en la tecnología necesitada para derivar energía del sol. Ahora, es logco utilizar este tipo de energía.

El presente sistema de extracción de corriente elecrtrico de energía solar necesario involucra una línea de paneles solares with almacenamiento de baterías. Los rayos solares recolectados puede ser usada para operar aparatos domesticos o equipos industriales. La energía excedente puede ser utilizada durante la noche.

Al tiempo de la introducción de los paneles solares en el mercado, el costo era demasiado elevado, reservado mayormente para proyectos de investiacion en zonas remotas o lugares donde no podría ser accesible el servicio eléctrico por medio de servicios públicos. Hoy en dia los desarrollos tecnológicos hicieron caer los precios sustancialmente.

Energía solar y Paneles solares

En la historia an existido momentos en que la energía solar era considera una alternativa. En 1970 y mediados de los ochenta se había producido al menos un million paneles solares que se instalaron en la nación.

Durante esos tiempos los paneles solares para calentar agua fueron muy populares. Usualmente utilizados en zonas templadas.

La razón para intentar adoptar nuevas ideas y tecnoloias nace de la escalada de precios en la electricidad. En ese momento el gas natural también era otra alternativa posible, pero no se encontraba fácilmente disponible. Cuando los precios del gas natural subieron, fue una buena oportunidad parav los paneles para posicionarse como la tecnología alternativa.

Alrededor de 1970 hubo un boycott en la OPEP, lo que creo un boom solar dado que el precio del petróleo se disparo rápidamente. Casi se cuadruplica cada año dado a conflictos extranjeros. Esto causo a los propierarios de vivendas a mirar de nuevo a las energias renovables.

Capítulo 3

Elaborar fácilmente tus paneles solares

Si usted es un entusiasta del *Do it yourself* (DIY por sus siglas en ingles) o hágalo usted mismo como yo, usted puede aprender fácilmente a construir un panel solar fácilmente. Si desa comprar uno ensamblado, el cual costara mucho mas que uno elaborado por cuenta propia. Construyéndolo usted mismo puede hacerlos según su propio gusto en términos te tamaño y diseño.

Conseguir los materiales no es complicado, prácticamente se puede conseguir todo en la ferretería.

Para un panel fotovoltaico casero necesitarás:

- Una caja de cartón más o menos grande y resistente (se van a colocar dentro botellas de 1,5 o 2 litros)
- Varias botellas plásticas de 1,5 o 2 litros.
- Papel aluminio.
- Papel celofán.
- Pintura negra y una brocha para pintar.

- Suficiente cinta adhesiva.

Pasos

- Debes limpiar las botellas muy bien y pintarlas todas con la pintura de color negro.
- Toma la caja de cartón y fórrala en su interior con papel aluminio, lo puedes adherir con pegamento.
- El tamaño de la caja con respecto a las botellas debe ser el justo para que estas no se muevan sino que queden fijas.
- Con agua, llena las botellas solo hasta alcanzar tres cuartas partes de su capacidad, luego haz presión para que el agua suba hasta arriba.
- Tapa muy bien las botellas y envuélvelas de papel celofán y colócalas dentro de la caja.
- Fija las botellas para no se muevan y se caigan y cierra la caja.
- Colócala en un lugar de tu casa que esté orientada hacia el sur, para que los rayos solares incidan muy bien sobre ellas. Debe estar inclinada 45 [a] de la superficie.

- Luego de dos a cinco horas tendrás agua caliente.

Construir un panel solar

-Un soldador de baja potencia

-36 Celdas solares

-Una base de algún material que no transmita electricidad. Preferiblemente madera de aproximadamente un metro cuadrado

-Pegamento termo-fusible y un dio de bloqueo

-Plexiglás del tamaño que vaya a tener tu modulo solar

-Pintura para proteger la madera

Pasos:

Realiza unas marcas en cada parte de la base de madera para saber dónde vas a colocar las celdas solares. Una vez hecho esto, coloca las celdas tanto en la parte superior como en la parte inferior. Es decir, 18 de un lado y 18 del otro. Luego únelas entre sí por los polos negativos y positivos. Las celdas solares por lo general tienen unos cables o lengüetas para lograr esta conexión. Con la ayuda del soldador de baja potencia, uniremos a las celdas entre sí.

Para finalizar pegamos nuestra placa en la madera y la protegeremos con el plexiglás. El diodo de bloqueo será para evitar que el panel se descargue durante la noche o días nublados.

Capítulo 4

Tips básicos para la instalación de paneles solares

Primero lo primero

El tema que debe atendenrse al inicio es la ubicación de la instalación. Una elección usual es en los tejados, pero no es regla. Puede ser creativo e instalarlos en una ubicación donde recibirá la mayor parte de sol durante el dia. Se debe considerar la inclinación (generalente 15 grados) y con dirección al sur, suroeste. Existen programas y aplicaciones que le pueden ayudar a determinar exactamente en que posición e inclinación será adecuado instalarlos en su zona, porque varia dependiendo el meridiano en el que se encuentre.

Cerciorece su sistema esta asegurado

Antes de iniciar nuestra inversión debemos revisar nuestros proveedores, verificar que se encuentren certificados para dar seguridad en la calidad de la instalación. Bajo las típicas garantías el proveedor está obligado a cambiar cualquier pieza del sistema que no funcione. Esto no se hace esperando que algo salga mal, solo muestra la confiabilidad de nuestro proveedor en su producto y la calidad del mismo.

Asistencia en la instalación

Si considera que es complicado, siempre puede contratar a un profesional. Este servicio no es generalmente costoso, revise en los alrededores de su localidad.

Al final, usted debe desidir en la calidad de instalación desea, basado en sus necesidades, instalarlo usted mismo o con un profesional ambos tienen benefios. El mas claro es que podras disfrutar de la energía renovable por los años venideros.

Que es una célula solar?

Escuchamos mucho acerca de pequeños gadgets como calculadoras, relojes, y pequeños juguetes que son ejecutados por paneles solares.

Que es una celda solar entonces? También conocida como "celda fotovoltaica" ciendo un *device* que convierte la energía solar en electricidad por el efecto de la fotovoltaica. Estos son utilizados para formar modulos solares, o mas bien conocidos como paneles solares.

Un pequeño panel puede ser usado para dar poder a pequeños *devices* como una calculadora.

La electricidad fotovoltaica esta incrementando su popularidad, especialmente para ser utilizada como interconexión en los hogares e industria. La definición de acuerdo a la Enciclopedia de Wikipedia La energía solar fotovoltaica es una fuente de energía que produce electricidad de origen renovable, obtenida directamente a partir de la radiación solar mediante un dispositivo semiconductor denominado célula fotovoltaica, o bien mediante una deposición de metales sobre un sustrato denominada célula solar de película fina.

Los paneles solares son fabricadas principalmente en países como: Japon, China, Alemania, EUA y Taiwan. Su tiempo de vida promedio es de 20 años. Si esta por comprar una casa puede optar desde un inicio instalar la tecnología solar y agregarlos como parte del diseño base de la casa.

Eficiencia Celdas Solares

En 2002, la Universidad de Sheffield Hallam reporto en una investigación que habían logrado la r más alta eficiencia de células fotovoltaicas, basado en películas delgadas de CdTe - 18%. Mientras tanto, NREL, Instituto de investigación de Energias Renovables, a logrado una celdas solares con un 19,9% de eficiencia solar, fabricadas de indium, seleniuro de gallium. Por supuesto, existen otras maneras de incrementar la eficiencia. Por ejemplo, la celda se puede transformar a forma piramidal para que en un menor espacio exista mas contacto con la luz solar, aprovechando todos los lados de la celda. El material idóneo cadmium terruride (CdTe), cobre, indium selenide (CuInSe2) or gallium arseniuro (Gaas)

Algunos materiales semiconductores (adecuados para varios rangos espectrales), los cuales son apilados uno sobre otro. Otro método es con lentes y espejos, mismo que puede concentrar la energía solar intensificada en las celdas solares.

De momento implementar mejoras a la eficiencia of solar es costoso y no es económicamente eficiente. Bien se puede usar ese monto en una instalación de mayor tamaño.

Capítulo 5

Caractetisticas de los sistemas fotovoltaicos

Los sistemas fotovoltaicos pueden ser agrupados en dos categorías aquellos que se encuentran conectados a la red eléctrica que se conoce como grid-connected systems o sistemas interconectados y aquellos sistemas que son independientes que se llaman estén talón en algún en algunas ocasiones las compañías requieren de energía adicional o las empresas a las que para lograr que puedan operar por ejemplo hay compañías que calculan que en el día van a usar máximo 15 amperes Pero algunas veces se requiere energía adicional porque a lo mejor hay una parte del proceso productivo en un día determinado el mes que ocupa al menos 40 ó 50 Pérez para poder procesar sé Esa funciones equipos a maquinaria que se ocupa sólo una vez Entonces prefieren contratar un servicio sobre 15 amperes y contratar un sistema de almacenamiento de energía adicional que puede ser de los amperios necesarios o los restantes son los faltantes ejemplo pueden tener subsisten pueden tener contratados 15 amper es un sistema de 35 amperes en baterías para poder que sos baterías generan Los 35 Campers necesarios.

existen otras configuraciones para cumplir con las necesidades del amperaje hay hay compañías que puedan también hacer uso de los sistemas híbridos Qué es un sistema híbrido un sistema híbrido solar es juntar la energía en la potencia de los paneles solares con la producción de A lo mejor un generador diesel un generador gasolina el punto es que los sistemas híbridos son interconectados para sus puntos de amperaje y llevan un controlador y ese control adodc que va a determinar cuándo un generador enciende o apaga. Así de esta manera estos sistemas pueden ser independientes.

Los sistemas actualmente más comúnmente utilizados son los sistemas interconectados porque porque porque requiere de una relativa baja inversión Comparado con los otros porque si lo comparamos con un sistema aislado necesitamos tener un banco de baterías necesitamos tener una mayor capacidad de paneles solares inversor de corriente y de estar dándole mantenimiento al equipo más veces que a un equipo interconectado A diferencia de interconectado el cual sólo se instala en una área Que tenga buena iluminación y con ello el equipo sólo requiere un inversor para convertir esa energía directa que está convirtiendo a los paneles porque finalmente los paneles vienen en configuraciones de 12 24 y 48 voltios los cuales se convierte en que son corrientes directas cuales se convierten a 110 ó 120 o 220 voltios de corriente directa.

Cada equipo ya sea interconectado o aislado requieren sus propios instalaciones las más comunes por ejemplo para un sistema interconectado que sería con la luz eléctrica comercial o o de una empresa sería tener el cableado para conectar los paneles de para que se mueva la corriente directa al inversor de corriente que ser que transforman la energía Tenemos que tener una caja de fusibles los paneles solares dependiendo la confesión contemos la corriente los cables para la corriente alterna también para pasar esos cables directamente a dónde se necesita la energía un regular un medidor de amperaje o del voltaje para estar monitoreando cómo están produciendo los paneles Y estar monitoreando los kilowatts por hora que se están produciendo en sistema. los sistemas aislados A diferencia de los de los interconectados pueden ser movibles puede instalarse en varias partes y tienen bastantes aplicaciones prácticas Por ejemplo tú lo puedo usar en vehículos en Campers en carros recreativos que son los orbeez en botes en cabañas en montañas muy lejanas en zonas inaccesibles en casas de fin de semana en maquina inclusive para la industria por ejemplo en señales de tráfico que son las luces de alto en máquinas para vender tickets en jardinería por ese algo los sprinklers que son para regalos Las Matas los jardines en sistemas de bombeo para agua potable o irrigación. estos sistemas son comúnmente vistos por lo menos en los Estados Unidos en casas privadas en bloques de departamentos para la luz exterior en escuelas en zonas agrícolas para la operación algunos equipos y en edificios industriales.

 No quiere decir que si tú tienes un equipo aislado lo vayas a usar para toda la aplicación puedes combinar puedes ir la luz exterior de un edificio puede ser meramente solar y que los inquilinos paguen la luz a través del grid System dentro de sus hogares.

Capítulo 6

Que buscar cuando se compra un inversor solar

Cómo seleccionar el inversor que necesitamos para nuestra aplicación la selección de un inversor es bastante importante lo primero que nos tenemos que fijar es que si para nuestro plicación requerimos que sea un sistema ahí para un sistema aislado o para un sistema de corriente interconectada.

Tipos o categorías de inversores

Existen tres tipo de categoría de inversor los interconectados aislados y aislados con un respaldo de baterías.

Interconectados

Estos sistemas deben tener idealmente un poder máximo o un punto máximo de tracción para energía que es el MPPT en inglés. Un sistema de protección a tierra, GFP por sus siglas en ingles, la cual la fincion de este ultimoes para proteger al inversor de un posible riesgo de incendio si no se esta convirtiendo la energía directa a alterna.

Aislado

Tal vez uno de los sistemas que requieren mayor control dado que tiene que ser muy preciso el cálculo de la energía que se van a ir y la que se va a producir para poder tener equipos estos originalmente se utilizan por ejemplo con equipos que ya están diseñados para trabajar con corriente directa y evitar el inversor eso es lo que originalmente se manejaba hoy en día se puede hacer lo mismo pero se requiere un equipo para que como inversor o algo que pueda o un amperímetro que pueda hacer llegar esa corriente utilizable en los equipos que del amperaje tiene una gran desventaja el sistema aislado por ejemplo tienes un sistema aislado y este está hecho a la medida Por ejemplo si tú vas a consumir 100 voltios en el día y tu equipo nomás está produciendo esos 100 voltios durante el día para funcionar Probablemente sí hay Tienes un día nublado un día que llueva o una falla en uno de los paneles no vas a generar energía correcta o la energía necesaria Entonces qué equipo van a tender a que ama al funcionar o no funcionar del todo y puedes dañar tus equipos por eso se recomienda tener baterías y lo explicaremos en el siguiente.

las baterías en un sistema aislado cumpliendo grandes funciones poder operar durante la noche o si se aplica durante el día poder dar el amperaje indicado o correcto para los equipos que se van a operar el tener un sistema con batería te da la facilidad de tener más equipos conectados a la red y es tarde terminando cuando vas a usar la energía porque la tenés almacenada claro es mucho más caro o mucho más alta la inversión porque se requiere tener baterías especializadas que se le conoce como thru deep cicle esto quiere decir que son baterías que son de ciclo profundo real, estás baterías se les conoce como simplemente para guardar energía y se tiene que estar descargando constantemente A diferencia de las batidas de un vehículo o una batería de litio.

Sea cual fuere la aplicación que usted decida estas tienen que estar muy bien planeada se verá en capítulo siguiente Cómo calcular el tamaño de estos sistemas.

Categorías de inversores

Inversor de onda cuadrada
este convierte la corriente directa cuadrada en corriente alterna. este tipo de inversor provee una pequeña cantidad de salida de energía voltaje y solamente usada en pequeñas aplicaciones como bulbos incandescentes, se le puede considerar uno de los primeros inversores que salen al mercado.

De onda modificada cuadrada

este es muy bueno para correr motores ligeros eléctricos televisión y otros equipos que requieran de un voltaje alto. este tipo de inversores pueden manejar grandes cargas de energía pero se puede tener problemas con equipos más sensibles como aquellos que tienen relojes que son médicos que son de prospección de rayos etcétera

De onda sinusoidal

Es el más común en sistema residenciales. Este tipo de inversor se utiliza principalmente em interconexiones. esta modalidad se utiliza para proteger equipos que son muy sensibles a los cambios de voltajes. las tres las tres anteriores son las configuraciones más comunes de estos tipo de inversores pero para una aplicación real y te revisar cada uno de los manuales y revisar las diferencias que se tienen con cada equipo para poder determinar Cuál es el que más se adapta a la necesidad.

Inversores de corriente directa a corriente alterna

la función principal de un inversor es convertir la corriente directa DC a la corriente alterna AC. opera de la siguiente manera convierte el poder de una batería de batería de 60 hertzios en corriente directa a 120 voltios en corriente alterna, lo que permite que pueda ser utilizado esa frecuencia de voltaje en equipos caseros. Los inversores más modernos incluyen un protector contra sobrecargas de voltaje o bajas cargas de voltaje así protegiendo los equipos sensibles de posibles daños. los inversores bien en una gran variedad de voltajes existen desde los 12 voltios

Qué son los más comunes hasta 48 voltios y pueden llegar a convertir 5000, 10000 o 20000 watts o hasta más Dependiendo el tamaño de la aplicación.

Inversores en aplicaciones de vehículos recreativos

el siguiente es para mostrar Cómo debe de realizarse actividades preventivas o correctivas para aplicar los inversores en vehículos recreativos. la mayoría de los vehículos recreativos ya cuenta con un inversor de fábrica siempre es buena idea verificar el manual de propietario y revisar Cuáles son las especificaciones del inverso con el cuenta la unidad. Si no cuenta con el manual un inspección rápida directamente en el inversor o en la caja de cargas o en el termostato puede darle una buena idea de Cuál es la capacidad del equipo.

Nota: los inversores deben de colocarse en áreas en las que no sufren algún daño por ejemplo lejos de las estufas de las fuentes de calor lejos de las entradas y salidas de personas dado que el equipo necesita "respirar".

En caso que aún cuando le coloque la capacidad de paneles solares para su inversor de su vehículo recreacional y no funciona de manera adecuada que no tengo una salida de voltaje de cuada hay que revisar dentro del equipo la mayoría de los inversores contienen un fusible que es el que protege el equipo. es una falla bastante común y es fácilmente reparable sólo se necesita la Mayra los casos ver el acceso al fusible directamente o desarmar el equipo y reemplazar el fusible, es posible encontrar fácilmente en tiendas como Radio Shack u otras electrónicas. antes realizar cualquier operación de reparación del equipo debe primero desconectarlo Apagar y cerciorarse que no tenga ninguna entrada energía por algún puerto. si después del cambio de fusible no funciona el equipo es momento de contactar al fabricante del equipo para solicitar una reparación.

Capítulo 7

Paneles solares modulares o tejas solares

Existe una alternativa a los módulos solares, conocido como Tejas solares estas son creadas con la intención de que los propietarios de las casas pueden aprovechar al máximo la capacidad de techo para producción de energía. algunas de estas Tejas cuentan con un pequeño sistema de almacenamiento el cual puede guardar energía para ser utilizada horas después por ejemplo durante la noche. Estás requieren poco o nada de mantenimiento lo único que se requiere hacer es mantener las libre de polvo y se pueden lavar. hay algunas cosas que hay considerar antes de decidirse por comprar Tejas solares o celdas solares, los cuales enumeramos a continuación:

La elegancia visual de las tejas solares

un beneficio de instalar Tejas solares es que no afectan la apariencia y la elegancia de la instalación hecha con Texas no requiere de Gran modificación si ya se encuentra con un diseño ya planeado si ya se contaban con las ustedes como parte del diseño original. Se puede considerar a la moda equipo inteligente y que puede ser utilizada inclusive en edificios históricos ya que no afectan la estructura original de la construcción, aunado a eso vienen en diferentes colores.

Precio de las Tejas solares

Las Tejas solares en comparación a los paneles solares son mucho más costosas. la conveniencia de las Tejas Comparado con los paneles es que las Tejas pueden ser instaladas directamente sin necesidad de modificar el techo, Qué es el caso tal de los paneles solares por qué se requieren fijar al techo o instalarlo sobre estructuras para que estos no sufran los embates del aire.

Tiempo de vida

ambos tanto para paneles solares como Tejas solares se puede esperar un tiempo promedio de vida de 20 años máximo 30 años en algunos causan han funcionado por más de 50 años pero son malas excepciones que la regla. Una ventaja básica de una teja solar es que puede ser fácilmente reemplazada si se descompone y la inversión es mucho menor en el caso del panel solar se debe de Cambiar toda la celda.

Eficiencias en ambos materiales

las Tejas solares hechas de metal tienen mucha mejor eficiencia que las Tejas convencionales de silicón. Por lo tanto podemos esperar una mayor durabilidad y resistencia al rayado de las Tejas solares A diferencia de los paneles solares.

En conclusión podríamos decir que Dependiendo el área donde se va aplicar es la tecnología que debe ser usada sin afectar la estética o la funcionalidad del área en la que se va a instalar.

Principales cenversores de corrientes de corriente directa a corriente alterna (CD/CA)

un conversor de corriente directa a corriente alterna o viceversa su función radica en convertir un determinado voltaje a otro por ejemplo existen inversores de voltaje de 12 voltios y pueden configurarse a que tengan salidas de 1.5, 4.5, 7.5 a 9 voltios Qué son muy utilizados dentro del automovilismo. Existe algún o algunos que pasan de los 12 voltios llegando a los 15 18, 20 voltios o hasta más voltios que son usados principalmente para operar equipo tales como taladros, caladoras, motosierras y otros equipos.

Tipos de conversores básicos

1.-Aislado

estos conversores están caracterizados por la presencia de una barra eléctrica entre la entrada (imputado)y la salida (output). la Barrera es proveída por un transformador de alta frecuencia el cual puede resistir unos cuantos cientos de voltios a decenas de miles. la salida de un conversor aislado puede ser positiva o negativa y son muy útiles en aplicaciones médicas. Estos equipos están disponibles diferentes tipo de configuraciones. Los dos tipos básicos son *flyback* y *Forward*. Amos usar la energía almacenada en el campo inductor magnético para la operación.

Flyback

Es un tipo de conversor de poder, un transformador que es usado para almacenar energía, más bien que un conductor simple. Este tiene dos fases discretas de energía; almacenamiento y salida. el flujo magnético de transformador nuncase invierte en polaridad; por lo tanto para prevenir una saturación magnética como resultado, el centro del equipo debe de tener el poder necesario para poder procesarlo. Son usados en aplicaciones de bajo poder por ejemplo un rayo de tubos de cátodo y los tubos Geiger los cuales consumen poca corriente.

Forward

el transformador transfiere energía entre la entrada y la salida en un solo paso. Este conversor de poder puede subir o puede bajar el voltaje o una combinación de ambos. para multi múltiple salidas todo lo que se necesita en manipular los transistores.

este es aplicaciones incluye los amplificadores de autos donde el bajo voltaje es subido para obtener una salida más alta de los amplificadores.

2.-No aislados

También conocidos Como conversores de punto de carga, estos suben o bajan el voltaje por un radio bajo. estos tienen un hice especialmente diseñado para este propósito, y una corriente directa entre salida y entrada. Los cinco principales tipos de conversores no aislados son: buck, Boost, buck-boost, cuk y bomba de carga.

Mientras que el el buck baja el voltaje, Boost sube el voltaje, buck Boost y cuk sube y baja el voltaje.

Ventajas y desventajas de construir tus propios paneles solares

Todos los propietarios de casas desean ahorrar dinero. es un área de gran interés para todos dado los incrementos constantes que han existido en la energía. si observamos alrededor de nuestras casas podemos casi siempre a ver que hay mejoras y incremento en la eficiencia de la energía. Pero qué podemos hacer después de haber implementado todos nuestros equipos caseros a mayor eficiencia?

La ventaja de tener un sistema solar en su casa es que la energía puede ser guardada en baterías para proveer de energía durante cortes de energía. Los sistemas solares requieren básicamente de o mantenimiento Y nunca requieren combustible. Dado que utilizan El poder del sol puedo ahorrar muchísimo dinero en cuentas de electricidad. el último y no menos importante es reducir nuestra huella de carbono en el mundo.

También tenemos que mencionar las desventajas de tener paneles solares ñ, hay unas pocas que se pueden mencionar también. La mayoría de la gente viviendo en zonas cálidas pueden depender de los paneles pero aquellas que viven fuera de las zonas climáticas con acceso al sol pueden tener grandes problemas para abastecerse de energía. Sin embargo las ventajas pesan más que las desventajas.

el costo promedio de una instalación de paneles solares en una casa promedio hable si una casa que tiene necesidades de 3000 a 4000 watts es de $27000 USD Y esa inversión se ve en un retorno de 15 años. Aquí es cuando entra nuesro proyecto hágalo usted musmo, un proyecto de la misma naturaleza nos puedes nos puede costar de 7000 a $8000 USD en materiales y la mano de obra va por nuestra cuenta.

Un apersona con una habilidad media puede construir un panel por menos de $100 A 75 USD Siendo que un panel ya instalado del mismo precio puede llegar a los $1000 USD.

para realizar el proyecto sólo se necesita un área de trabajo común para mantener todos los equipos y herramientas en un solo lugar además de los equipos de soldadura. todos los equipos pueden ser comprados localmente como ya lo vimos en capítulos anteriores o en el caso de las celdas solares pueden ser encargadas en línea.

no tenga miedo de hacer el proyecto usted mismo inclusive los paneles dado que existen muchos tutoriales online de cómo hacer uso de la soldadura para generar las conexiones en serie Para nuestras celdas solares.

En conclusión si desea pagarle a un profesional $1000 USD por instalar un panel solar y si usted lo puede hacer por menos de $100 creo que ya sabemos Cuál va a ser la opción por la que optara.

Review de los tipos de paneles solares

Existen tres tipos de paneles solares en el mercado monocristalinos policristalinos y los más modernos los amorfos o también conocidos Como película delgada.

ventajas y desventajas de los diferentes tipos de paneles solares

los paneles monocristalinos son los más conocidos y Los más viejos y aún al día de hoy son los más eficientes y los que producen más energía en el mercado hoy. uno de estos paneles te da más watts por metro cuadrado cuadrado Comparado con los otros tipos de paneles solares. son una buena opción cuando el espacio es limitado y está buscando tener una alta salida de corriente. Su tiempo promedio de vida es de 25 años. la ventaja acerca de los paneles monocristalinos que son más caros porque son más complejos de producir pero el retorno se ven mayor eficiencia por su dinero. son frágiles cuando son comparados otros tipos porque deben de ser montados rígidamente. Una vez que la temperatura alcanza los 50 grados centígrados paneles pierden eficiencia (output) entre un 12 y un 15% que es aún mejor que la que la eficiencia que se reduce en un panel policristalino al alcanzar los 50 grados o más. Estos paneles son grandiosos para una inversión en largo plazo.

las ventajas de los paneles policristalinos el que son mucho más económicos y más accesibles comparados con lo monocristalinos porque son más simples de producir ellos son más adecuados para gente que busca hacer un proyecto con bajos recursos y aún así buscan tener buen rendimiento de sus paneles. los paneles policristalinos son también los más comunes en el mercado. Son efectivos se puede depender de ellos y se pueden considerar de larga duración. la desventaja es comparados con un panel monocristalino ellos no tienen la ineficiencia para convertir la energía solar energía eléctrica. la diferencia física entre un panel monocristalino Y policristalino es que el mono cristalino se hace sobre una placa de silicio y se genera una sola hoja de silicio en cambio un para el cristalino se le permite tener fracturas e imperfecciones para ser utilizado entonces un panel monocristalino tiene más conductividad que un panel fragmentado en pocas palabras el monocristalino al no ser fragmentados no tener enmendaduras Cortés o uniones puede generar más energía. Los paneles policristalinos llegaron para quedarse se ajustan a cualquier presupuesto y son la segunda mejor cosa en la que se puede invertir.

los paneles solares amorfos o de película delgada son el más nuevo tipo de panel en el mercado. Son muy económicos y más fuertes comparados con los mono y policristalinos. el polen amorfo más popular es el hecho con lámina flexible la cual lo huele más versátil. Pueden ser aplicados en cualquier superficie. La gran V ventaja de los paneles amorfos Es que la salida de energía que generan no decrementa cuando la temperatura Se incrementa 50 grados centígrados o más Comparado con los monocristalinos o los paneles policristalinos. estos para la zona extremadamente buenos para lugares donde las condiciones son muy calientes o climas extremos. Las desventajas son los paneles amorfos no son tan eficientes como los otros dos tipos ellos son 40% menos eficientes y vas a necesitar al menos el doble de paneles amorfas para tener la misma salida de poder que un panel mono cristalino un policristalino. acerca del tiempo de vida aún no se está seguro de cuánto pueden durar porque es una tecnología relativamente nueva.

Capítulo 8

junction box, switch box, two gang-box ir lunch box. ¿Cuál caja utilizo?

hay diferentes tipos de cajas eléctricas excepto por la launchbox.

La localización y el tipo de cableado que se va a ser Va a determinar Qué tipo de caja se necesita. La lunch box se usará después de que el trabajo esté realizado. antes de abordar el tema de los tipos específicos de cajas vamos a ver algunas cosas que son aplicables a todo tipo de cajas.

Todas las conexiones eléctricas deben ser contenidas dentro de una caja eléctrica. Esta caja escudo todo el material de materiales flamables o en el evento de que existan cortocircuitos.

Todas las cajas de ser accesibles. Nunca cubra con tablaroca paneles otro tipo de cubiertas de pared.
Si tenemos una caja de conexión eléctrica la cual no se encuentra cubierta debemos colocar una tapa para que no se tenga acceso y evitar accidentes.

La caja no debe ser instalada al ras de la pared debe de tener una apertura entre la pared y la casa de al menos un octavo de pulgada.

Cerciorarse de que la caja se encuentra suficientemente profunda para evitar que se salgan cables. esto deben estar tan profundas que el receptáculo puede ser instalado fácilmente sin escarbar o de allá o dañar los cables. los códigos eléctricos determinan Cuántos cables de qué tamaño y de qué tipo puede ser acomodados dentro de una caja basado en pulgadas cúbicas de capacidad de la caja. Por ejemplo un cable número 14 ocupa 2 pulgadas cúbicas y un número 12 ocupa 2.25 pulgadas cúbicas. Cuánto cuenta cables, cuente el arreglo del equipo como un cable siempre es más seguro usar una caja más grande, Al menos que no tenga espacio en su pared o techo.

las cajas eléctricas pueden venir en diferentes materiales y diferentes formas. Familiarizandose con los tipos diferentes de cajas, podrá ser capaz de seleccionar la caja correcta para tu proyecto.

las cajas de interior son usualmente de plástico o metal.

Plástico

Las cajas eléctricas de plástico solas más ampliamente usadas para el cableado Residencial de interiores. Son económicas y fáciles de instalar. Pero dado que no se puede aterrizar una caja de plástico, algunos códigos locales no las permiten o son solamente permitidas para usos específicos. Verifique con su departamento de construcción local antes de construir o utilizar cajas de plástico.

Algunas cajas de plástico tienen hoyos para colocar las tapas estás cajas no tienen de fábrica ganchos para los cables, no se mantiene el lugar en la caja. Así que debe utilizar ganchos o grapas para cable dentro de 8 pulgadas de la caja si va a este tipo de caja.

Las cajas de plásticos son más fáciles de dañar que las cajas de metal así compre cajas adicionales de plástico solo por precaución. Nunca instale una caja rota o con fisuras.

La mayoría de las cajas son frágiles, no se utilizan aplicaciones en paredes las excepciones aquellas de exteriores las cuales están hechas de súper fuerte PVC.

No las utilice con equipos eléctricos Grandes como abanicos. Algunas casas plásticas incluyen uñas o tornillos para anclar la caja al material En dónde se van a instalar.

Metal

Las cajas eléctricas de metal son más fuertes y proveen de una mejor tierra que las cajas plásticas.

las cajas de metal deben de ser aterrizadas en el circuito de tierra de la casa. Conectar el circuito de cables a tierra a la caja con una cola de puerco de cable verde o una tuerca de la caja.

el cable que entra no que sea metal debe de estar enganchado.

Las cajas *gangable* pueden ser desmanteladas e inclusive unirse con dos o más cajas para conectar más equipos.

Remodelar

Estos casos se utilizan principalmente cuando se van a instalar nuevos equipos en una pared vieja.

Las cajas para remodelada de plástico tienen alas de metal con orejas expandibles para contar con agarre adicional a la pared.

Las cajas de exterior son usualmente moldeados en plástico o fundidas en aluminio.

Plástico moldeado

estás cajas son usadas con PVC para conducir el cableado interior y exponer el cableado exterior.

Aluminio fundido

estas son requeridas para arreglos exteriores conectados con un conducto de metal.

Cuentan con aperturas que permiten que salga la humedad.

Formas

Rectangular de 2 por 3 pulgadas o conocidas por su nombre *one-gang*.

Estás cajas son utilizadas para interruptores y receptáculos.

Estas cajas pueden ser desarmable de los lados y permite que se conecte otra caja para formar una *two-gang* box.

Cuadrada de 4 por 4 pulgadas conocida como "cuatro cuadros"

empaques de plástico son usados con matadores para fijar las siguientes configuraciones: one gang, two gang 3 pulgadas y 4 pulgadas.

cuando una caja cuadrada es usada en dividir cables también puedes llevar llamarse caja de juntas eléctrica y se debe de poner una tapa ciega encima.

Octagonal

Estás contienen las conexiones para techos

Algunas cajas eléctricas octagonales tienen brazos extensibles que pueden ajustarse a cualquier espacio y pueden ser atornilladas o clavadas en el material en el que se van a fijar.

Realiza un diagrama de cómo será las instalaciones eléctricas que va a realizar para que puede terminar. nunca trabajé en circuitos con corriente siempre desconecte todas las fuentes de poder y el termo principal. Revise que no haya poder alguno con un voltímetro. Los trabajos eléctricos sólo deben de ser elaborados por alguien que sea conocedor del sistemas eléctricos o por lo menos una persona con experiencia y o que tenga una licencia de contratista eléctrico.

Capítulo 9

Conectando las cajas eléctricas a los equipos caseros

La principal función de las cajas eléctricas es servir como una conexión para ciertos equipos domésticos, aplicaciones tales como contactos eléctricos, interruptores eléctricos, receptáculos y otro tipo de terminales eléctricas.

Existen diferentes tipos para diferentes propósitos. Son usualmente usados para interiores o exteriores y se pueden instalar en paredes frontales detrás de las paredes o en otras aplicaciones similares.

otro uso que se les da es que funcionan como un contenedor para componentes eléctricos que son necesitados para el mantenimiento regular y para las mejoras de sistema. todos los utilería para conectar los cables también es usada para que proteja todos los equipos electrónicamente cargados por los cables. También previene cualquier cortocircuito.

Las cajas eléctricas no puede ser fácilmente compradas y usadas. se debe ser lo suficientemente preciso en la Selección del cableado debido a cumplir con las especificaciones de la National Electric code la cual cuenta con unos códigos específicos sobre la aplicación de cajas eléctricas. las cajas eléctricas deben estar cubiertas por tapas para caja eléctrica no pueden ser simplemente cubiertas con tablaroca madera o materiales similares diferentes a las tapas.

Inspectores locales de construcción te pueden proveer de permisos para que puedas tú mismo instalar el sistema eléctrico en tu hogar, pero siempre te muestran las guías para que lo hagas seguro efectivo y eficaz.

Tips de seguridad para cablear tu casa

El tablero una casa No es simplemente que puedas tomar algo por tu cuenta, A menos que seas un eléctrico experimentado o sepas exactamente lo que estás haciendo. Hay muchos riesgos relacionados con la electricidad Así que si tú estás tentado a tomar riesgo de manejar tú mismo el cableado de tu casa, hay varios precauciones que necesitas tomar si necesitas asegurarte el uso correcto de las herramientas y también contar con el equipo adecuado para la protección. El truco está en estar preparado a través de la seguridad.

Para lograr tu objetivo de instalar cableado en tu hogar siga las siguientes precauciones para maximizar tu seguridad:

1.-Desconecta la luz

Cerciórate de haber apagado el Breaker de luz principal antes de que empiece a tocar cualquier cable o desarrollar cualquier actividad relacionada con la electricidad. Si hay alguien más en la casa o puede entrar mientras tú trabajas en la casa, toma la precaución de escribe una nota en la caja eléctrica de que tú estés trabajando en la electricidad preferentemente en un color amarillo o rojo para que la persona pueda verlo de manera inmediata y sepa que deba de mantener el interruptor en la posición de apagado.

2.-Realiza una prueba

Usando un probador de voltaje, revisa las conexiones eléctricas y los cables para asegurar que están completamente muertos, dígase sin energía, Antes de que los toques.

3.- mantente atento

Mientras trabajas con electricidad, lo último que deseas es tocar líneas de gas plomería y otros sistemas que están usualmente instalados en las áreas donde tienen los sistemas eléctricos instalaciones.

Mantén todo el equipo necesario a disposición para realizar la operación, revisa que tenga todos los switches contactos y otras conexiones antes de empezar la tarea.

4-herramientas

Sólo Utiliza herramientas diseñadas para lo que va realizar nunca Utiliza herramientas que no son las adecuadas para el trabajo, esto con el fin de evitar accidentes y problemas al momento instalar evitando nos así atrasos.

5.-materiales

Justo como a las herramientas cerciórate que toda la material este cerca antes de empezar el trabajo los tengas a disposición.

6.- Utiliza cajas de junta

Todas las instalaciones que realizan cajas deben de estar fácilmente accesibles pero cubiertas.

7.- Arreglar cables viejos

Las recomendación es que sí se ve cables con signos de deterioro o rompimiento se debe de reemplazar.

8.- Resuelve cualquier problema con un Breaker o un fusible

Antes de que enciendas un circuito un fusible, cuando exista un fallo hay que arreglarlo antes de que provoque que se vuele la caja de circuitos.

9.-No sobrecargues de electricidad

Las extensiones de luz o de conectores que son sobrecargadas están propensas altamente a incendios.

si aún así cuentas con dudas acerca de cualquier instalación eléctrica puedes consultar un buen libro de instalaciones eléctricas como material de referencia, caso que después de que revises la literatura no te sientas confiado puedes acudir a tu contratista local.

Capítulo 10

Soldando paneles solares juntos. Una introducción a Cómo construir tu mismo tus paneles solares

las celdas solares por su naturaleza son muy frágiles de las cuales existen dos tipos, con marco y sin marco. Las celdas con Marco son más costosas pero si lo que está buscando es construir más de un panel led muchísimo tiempo, las celdas rotas son frustrantes. las celdas sin marcó son mucho más difíciles de manejar, son frágiles, fáciles de romper y se debe de ser muy cuidadoso cuando se quieren soldar. requieren el doble de trabajo para ser soldadas Comparado con una celda con Marco, siempre existiendo la posibilidad de que se pueda romper.

la mayoría de las celdas prefabricadas con Marco cuentan con conexiones de montaje para ser ensamblada sin necesidad de soldadura. estás conectores o barras se conectarán al frente de la celda y se puede generar una instalación en serie sin problema. El diseño viene prefabricado para qué tanto contactos positivos con negativos puedan generar la serie evitando los errores.

Celdas solares y construcción del módulo

Las celdas solares están hechas de silicón en forma de Waffle el cual contiene en su ensamblaje cables eléctricos para interconectarse. el área del tamaño de este Waffle es de aproximadamente 100 centímetros cuadrados. Si hacemos la prueba de este Waffle directamente en la luz solar y lo conectamos a un voltímetro podremos ver que la medida será de .6 voltios de corriente directa.

se requiere de un montaje mucho más alto que el de la batería para obligar a que los electrones cargue una batería. Por ejemplo para cargar una batería de 12 voltios, se requiere al menos 15 voltios, además de un pequeño adicional el cual se pierde en el sistema. por esta razón la manufactura antes de paneles solares típicamente conectan 36 celdas en serie para crear un voltaje total de 21.6 voltios en circuito abierto, lo que se calcula como 36 celdas multiplicadas por los puntos 6 voltios de cada celda.

Existe un fenómeno interesante en las celdas solares, el cual sucede cuando se tiene una carga baja de voltaje, como se menciona en el ejemplo anterior que si no contamos con al menos los 15 voltios para cargar la batería de 12 voltios no sé cargará. Adicionalmente este efecto reflejar a una caída del voltaje.

cuando medimos el voltaje de un módulo solar sin que se encuentre conectado, a este voltaje se le llama de circuito abierto, el cual es referido como Voc por los fabricantes en la especificaciones del producto. Cuando el módulo está en en la máxima salida de poder, el voltaje es menor que el del circuito abierto. A este último se le conoce como el voltaje con carga máxima el cual es usado para completar el circuito eléctrico. Debemos tener una fuente de voltaje y corriente de voltaje. un módulo solar causará que la corriente fluya a través de las celdas y alimentar a los cables a la carga conectada.

Tenga precaución cuando compare los poderes de salida de los módulos. La gran parte de los manufactureros y proveedores basan sus estadísticas en condiciones ideales: un excelente acceso iluminación solar, el cual ocurre muy extraña mente en el mundo. debemos considerar también que los poderes pueden fluctuar entre un 20 y 40% menor del rendimiento manifestado por el proveedor dado por las condiciones atmosféricas locales.

Capítulo 11

Sistema interconectado

El sistema interconectado, es un sistema solar fotovoltaico de paneles solares el cual interactúa con con la luz proveída de la compañía energética, la cual puede ser utilizada con o sin baterías. lo que hace es que usa los nuevos inversores los cuales pueden convertir cualquier producción adicional energética que tengamos con nuestro sistema y regresarlo a la red eléctrica pública, lo cual con la mayoría los proveedores se puede reflejar en un saldo a favor en Consumo de kilowatts, descuentos en los recibos de luz o inclusive que es excedente se nos compre porque va a ser utilizado por nuestros vecinos.

Este sistema puede ser montado casi en cualquier lugar del hogar, siempre Y cuánto que haya un contacto directo con el sol en las horas pico.

Antes de realizar dicha información debemos notificar a nuestro proveedor de energía local que vamos a realizar una interconexión de nuestros paneles solares, esto último debido a que no todas las compañías permiten que instalemos paneles solares conectados a la red eléctrica. Las razones pueden ser varias desde que no cuentan con la infraestructura para verificar la energía que estamos produciendo, que no existe una regulación vigente para permitir el uso de paneles solares en uso doméstico, que se requieran certificaciones del espacio en el que se va a instalar el equipo, que nuestros equipo estén certificados ante la autoridad local, que no afecten la actividad local y que sea seguro operar en tu zona residencial.

Si tu proveedor de energía da luz verde, probablemente te instale un medidor bidireccional, el cual como su nombre lo dice cuenta con dos direcciones, una para medir la cantidad de energía que entra al hogar y una segunda dirección que mide Cuánta energía produces en exceso y sale a la república. La mayoría de los medidores bidireccionales son inmediatos, quiere decir por ejemplo si durante el día consumes 10 kilowatts y tus paneles en ese mismo periodo de tiempo produjeron 7 kilowatts sólo registrar a 3 kilowatts de consumo, agregando el consumo nocturno. Desafortunadamente nuestros paneles solares no funcionan durante la noche, por lo tanto es una buena práctica tratar de utilizar nuestros equipos durante la noche para que ese saldo a favor que generamos en el día, por desuso de nuestros equipos, lo podremos aprovechar por la noche, algo así como utilizar nuestros créditos acumulados. No es necesario registrar cuánto consumes y lo que produciste individualmente. al final del mes o bimestre o trimestre dependiendo la frecuencia de tu recibo, Verás que el cobro se realizará de acuerdo a cuál fue tu consumo Neto, acorde a la fórmula anterior.

Algunos inversores cuentan con monitores de producción de energía, esto es una buena práctica si producimos energía excedente, dado que algunas compañías energéticas la gran parte del tiempo difieren con la energía que le suministramos, debido a que buscan pagar menos por el excedente que produjiste, por lo tanto Es bueno tener una segunda opinión, en este caso un medidor adicional para mostrarle a la autoridad que si se produjo la cantidad que declaramos.

Cuatro grandes razones para tener una instalación de paneles solares interconectados

El contar con sistemas interconectados tiene muchos beneficios, tales como reducir el costo de algunos proyectos a través de incentivos financieros federales. En algunos países tales como Francia, El contar con energías limpias en tu hogar, te hacen acreedor a una reducción paulatina en los intereses que se pagan en las hipotecas. En algunas ocasiones llegando a tasa cero.

La primera razón es que se reducen nuestros costos en recibo de luz. Los paneles son una formidable elección porque son nuestros aliados en proveer energía en aquellas ocasiones en las cuales por mal tiempo, clima o desastres naturales, permiten al propietario sustituir esa energía adicional que se consumió con lo cual vamos a reducir nuestra ansiedad por un recibo mucho más alto de no haber tenido los paneles. adicionalmente estos sistemas elimina la necesidad de baterías, icrea menos costos de mantenimiento en redes eléctricas.

La segunda razón es cuando producimos más de lo que consumimos. Existen ocasiones como cuando salimos de vacaciones, visitamos a parientes durante algún periodo, les habitamos en la casa por algunos días por alguna razón, en estos momentos es cuando nuestro sistema fue un papel importante porque aún aunque no estemos en el hogar seguimos generando energía positiva lo que en el largo plazo se traduce en utilidades e ingresos. Por la energía adicional que generaremos.

La tercera razón es que es muy fácil de instalar, ya existen Kits prefabricados en los cuales vienen los siguientes componentes: un inversor central o microinversores, celdas solares o paneles solares, un break para proteger nuestros paneles solares, estructuras o bases para instalarlo en el techo u otra superficie. El tiempo promedio de instalación es de 2 días y el mantenimiento anual de equipo se reduce simplemente a mantener libres de polvo y bloqueos nuestros módulos, básicamente lavarlos con una manguera de jardín.

La cuarta y muy importante razón para tener instalados paneles interconectados son los Incentivos estatales y federales, los cuales en algunas ocasiones son un recorte inmediato en los taxis que pagamos o reducción en el costo por kilowatt de nuestros proveedores.

Qué pasaría si existe un corte de energía

En caso de existir un apagón, los inversores y microinversores que se utilizan para interconexión, cuentan con un protector de producción de corriente, el cual interrumpe la producción de energía y la envía a tierra, Así evitando que la energía producida se utiliza en los equipos. La razón de Por qué se desecha esa energía Es relacionado con la seguridad la principal función de desechar es energía es evitar accidentes relacionados con las personas que operan el alumbrado público, dado que si existe energía dentro del circuito cuando las personas están reparando la falla corren el riesgo de electrocutarse llegando a ser fatal. Como hemos visto en capítulos anteriores otra razón por la cual los inversores interconectados no deben operar en un apagón, dado que el voltaje que generan es muy bajo en la mayoría de los casos, pudiendo estos no generar el wattaje necesario para que los equipos de nuestro hogar funcionen, lo que nos podría provocar fallos en nuestros equipos, descomposturas o hasta existe un alto riesgo de incendio.

Si deseamos prevenirnos para un corte o apagón de energía, podemos optar por algunas opciones, una de ellas es instalar un banco de baterías para poder suministrar a nuestros equipos de energía, una segunda opción es interconectar a nuestro sistema un generador de energía de combustible diesel o gasolina. suponiendo que los cortes de energía no sean frecuentes la mejor opción en el largo plazo es contar con un generador de gasolina o diesel. Si los cortes energía son frecuentes se puede optar por el banco de baterías.

Sistemas interconectados: ¿cómo funcionan?

Los sistemas interconectados son aquellos sistemas en que la electricidad que se genera por nuestros paneles solares para uso residencial es utilizado tanto por el hogar como por la red pública.

Estos sistemas cuentan con dos modalidades de inversores de corriente: centrales y microinversores.

Inversor central

El inversor central como su nombre lo dice, es un equipo que concentra toda la energía producida por nuestros paneles solares a un solo equipo, el cual convierte toda esa corriente directa alterna. Estos equipos vienen en capacidades desde 500 watts hasta 5 10 o 20 kw. Las ventajas de contar con inversor central es que la inversión comparada con los microinversores es mucho menor, alrededor de un 40% menos para un sistema del mismo tamaño. otra de las ventajas es que podemos monitorear en un solo lugar Cuánta energía está produciendo nuestro sistema. Al ser un solo equipo es mucho más fácil de reemplazar, dar servicio o repararlo. La mayoría de estos equipos hoy en día cuentan con comunicación a través de wi-fi con los teléfonos inteligentes, pudiendo revisar y diagnosticar en tiempo real el estado de la producción energética al momento. Pero no todo son ventajas, una de las desventajas más claras es que, si falla un panel o una celda, es prácticamente imposible diagnosticar qué paneles está mal funcionando, por lo tanto existe la necesidad de subirnos al techo y revisar directamente con nuestro multímetro cada panel solar.

Otra desventaja relacionada con la potencia del sistema es dada por si uno de nuestros paneles reduce su voltaje de salida, todos los paneles del circuito reducirán su producción igualando al que tiene menor voltaje. Por ejemplo: si nuestro sistema es un sistema en serie de 48 voltios, y uno de nuestros paneles baja su voltaje a 12 voltios, toda la serie empezar a subproducir energía, Aunque puedan fácilmente producir 48 voltios los paneles estables. Esto último dado por las leyes que rigen los sistemas en serie. por lo tanto tendríamos un sistema que nos estaría produciendo una cuarta parte de los kilowatts de capacidad instalada.

Microinversor

Esta modalidad de inversor a diferencia del inversor Central, controla secciones de paneles, dividiendo las series. La gran ventaja de los microinversores es dada qué dependiendo del proveedor controlan 2 4 o hasta 8 paneles solares y a estos se les puede poner en serie entre microinversores, por lo tanto podemos generar series mayores a 600 voltios dado que cada microinversor controla una pequeña serie de paneles, es decir se vuelve un circo un circuito mixto; paralelo y serie. En la práctica los microinversores son muy útiles para cuando tenemos áreas en las que tenemos sombra a determinadas horas del día y no podemos evitar que nos afecten, Así que cuando se instalan microinversores en estas áreas, solamente la sección que controla un microinversor es la que se ve afectada en la producción, A diferencia de los inversores centrales los cuales reducen totalmente la producción de la serie independientemente de que uno dos o tres paneles de 20 está en bloqueados. Además si un panel llega a fallar se puede diagnosticar fácil y rápidamente por microinversor qué panel falla. Las capacidades de los microinversores inician desde los 100 watts siendo los más comunes los de 1000 watts. los microinversores cuentan con un tiempo más largo de vida que los inversores centrales, dado que en ellos se registra menos carga. existen desventajas como que el costo de un micro inversor es mucho más alto que el de un inversor central en comparación. Por ejemplo un inversor central de 5 kw (5000w) tiene un precio de $1100 y adquirir microinversores que cumplan las mismas especificaciones de producción cuestan alrededor de $2000.

Ciertamente cada uno de los inversores tiene ventajas y desventajas, dependerá del presupuesto y del área en el que se va a instalar Cuál es el sistema adecuado.

Ambos sistemas se pueden instalar con un banco de baterías.

Capítulo 12

Instala tu propio sistema interconectado

El primer capítulo diseñado en la serie para aquellos Amantes del Hágalo usted mismo en el cual explicaremos Cómo instalar usted mismo los sistemas interconectados para su hogar.

Para determinar Qué equipos vamos a adquirir, primero debemos preguntar a la autoridad locales son las especificaciones de paneles solares, microinversores, inversores, cableado o termo protectores, dado que existen infinidad de marcas en el mercado, Pero no porque existan paneles e inversores de diferentes rangos de precio, quiere decir que todos cuenten con las certificaciones que los proveedores de luz energética solicitan, por lo tanto reiteró que es buena idea preguntar qué marcas son las que se permiten utilizar en su región.

En este punto debemos ser claros en que no todas las regiones nos permitirán utilizar los paneles que nosotros mismos fabriquemos, así que consultemos antes de iniciar a construir nuestros paneles solares.

Debemos tomar todas las precauciones anteriores dado que si llega existir problemas en la instalación de su casa, fallan los equipos O aún peor se quema su casa, puede llegar a ser responsable por la totalidad de los daños y no contar con seguro o aún contando con él podría ser responsable de todos los daños.

Aún cuando hagamos la instalación física del equipo, debemos esperar a que el técnico certificado de la compañía eléctrica apoye en la interconexión, dado que la mayoría de las veces deben de dar fe de los materiales, calidad de la instalación y que cuente con los permisos correspondientes. Si cumple con el paso anterior en algunos países existen incentivos como los que habían mencionado al impuesto al valor agregado o reducciones en las hipotecas.

La ventaja de contar con un sistema solar en su hogar, es que automáticamente se aprecia el valor de su residencia.

ventajas y desventajas de los sistemas interconectados

Las ventajas

- Este sistema puede ser configurado adecuado cualquier consumo energético, sólo limitado por el espacio disponible.

- El equipo puede ser operado ininterrumpidamente.

- El banco de baterías puede ser utilizado para otros propósitos, por ejemplo para acampar.

- Prácticamente requiere cero mantenimiento.

- Puede ser instalado de manera permanente o móvil, y el costo de ambas instalaciones es indiferente, cuestan lo mismo. por lo tanto si estás rentando una casa habitación te puedes llevar tu equipo y utilizarlo en otro domicilio sin ninguna limitante, excepto espacio.

- de todos los sistemas es el que más requiere tiempo y horas hombre para ser instalado, pero ya instalado requiere muy poco mantenimiento.

- Automáticamente aumenta el valor de tu casa.

- Cualquiera energía y ser al que produzcamos se irá directamente a la red local.

Las desventajas

- Este sistema es más costoso que los sistemas aislados sin banco de baterías.

- El sistema con su mirada energía de los generadores o la red eléctrica cuando no se produzca lo suficiente.

- Contar con este sistema sin banco de baterías, no aporta beneficio alguno dado que se termina el suministro energético.

- en el caso de utilizar nuestro banco de baterías, Cómo mencionamos en el ejemplo de acampar, requerimos un inversor de corriente si nuestras baterías no operan equipos de corriente directa.

Capítulo 13

Calculo de los sistemas basados en baterías

Tan pronto como agregamos baterías a nuestro sistema, complicamos el diseño y agregamos costo adicional de mantenimiento. Requerimos adicionalmente un inversor de corriente. Las baterías por lo general aumenta la inversión entre 3000 y $4000 dólares, dependiendo de las necesidades de operación.

Pensará ?porque se requería tanta inversión para un banco de baterías? La respuesta es muy sencilla, dado que existen baterías diseñadas específicamente para almacenar energía solar, tales como las baterías de ciclo profundo real, estos tienen capacidad de al menos 1000 amperes de almacenaje y tiempos de vida muy extendidos, además que la carga que guardan puedo ir a por un tiempo mucho mayor, tienen mayor resiliencia a factores externos tales como calor, Impacto, temblores y factores ambientales. Si optamos por baterías tradicionales tales como las de automóvil botes u otros equipos nos exponemos a no tener una gran capacidad de carga y además un tiempo de vida muy corto de estas baterías, dado que no fueron diseñadas para estar constantemente en ciclos de carga y descarga. Lo anterior es una característica muy típica de las baterías de ciclo profundo real, estas mencionan con gran exactitud Cuántas cargas y descargas son capaces de soportar en su tiempo de vida útil. Usualmente estás baterías tienen un tiempo de al menos 500 ciclos de carga-descarga.

El cálculo para determinar Cuántas baterías requerimos O cuál será el tamaño de nuestro banco de baterías, se puede terminar calculando Cuánta energía requeriremos para operar nuestros equipos.

Por poner un ejemplo supongamos que una casa promedio con un refrigerador el cual consume 1000 watts por hora, 5 focos de tecnología led y cada uno consume 40 watts por hora, dos computadoras que consumen 100 watts por hora, 1 unidad de clima que consume 1500 watts por hora y un televisor que consume 200 watts por hora. Supongamos que estos equipos operan solamente por la noche, en un horario de 8 de la noche a 6 de la mañana. Este tipo de configuraciones son usualmente vistas en zonas donde se está construyendo carreteras, puentes o edificaciones en las lejanías de las zonas urbanas, específicamente en los campamentos.

para calcular cuánto vamos a consumir durante esas ochos horas, basta con multiplicar el consumo de cada equipo por hora y ya que tengamos el total de cada equipo, sumamos las cantidades. Para este ejemplo nos da un total de 24800w (1000wh x 8h + 5focosx4udx40wh...)

En este ejemplo podemos ver que los equipos que se están operando son de corriente alterna por lo tanto tenemos que determinar el amperaje basado en corriente directa. Para este ejemplo los equipos son de 110 voltios. Lo que significa que debemos dividir los Watts que se van a consumir entre el voltaje. Dándonos un total de 225.45 amperes.

Ya que consideramos cuántos amperes necesitamos, debemos de tomar en cuenta que existe una pérdida por conversión de energía, ya que nuestra energía almacenada al ser corriente directa, está en el proceso de transformación pierde potencia, alrededor de un

20%. por lo tanto para esta aplicación requerimos de un sistema de al menos 270 amperes, o 29760 watts. Una batería de ciclo profundo real tiene unas especificaciones aproximadamente de 11 pulgadas de largo por 7 pulgadas de ancho y una altura de 12 pulgadas, pesando 67 libras y con un voltaje de 6 volts, una capacidad de descarga durante 20 horas de 229 amperes por hora y una capacidad de descarga de 10 horas de descarga a 255 amperes. Por lo que una batería con estas especificaciones podría servir de manera muy exacta Para nuestras necesidades de operación durante la noche.

Cómo podemos ver las baterías de ciclo profundo real son las adecuadas dado que son preparadas para ciclos de descarga, son voluminosas y muy pesadas, en comparación a las baterías tradicionales, además sus terminales positiva y negativa tienen un diseño distinto usualmente en "L".

Siempre debemos Buscar instalar baterías con una capacidad de al menos 15% mayor a lo requerido, dado que existe un desgaste prematuro en las baterías si las instalamos con la capacidad justa. La marca trojan es una de las más reconocidas dentro de la industria de las energías renovables por su resistencia a la intemperie y la calidad de sus componentes.

En el caso que deseemos instalar un sistema que puede estar cargando nuestras baterías y proveyendo nos de energía, tomando en cuenta el ejemplo anterior, el cálculo del tamaño del sistema será de un sistema que pueda proveer el consumo por hora total es decir, un sistema que produzca al menos 3100 watts por hora, también considerando la pérdida de energía durante el proceso. De manera sencilla lo podemos explicar cómo buscar que nuestra instalación de paneles solares, la producción solar por hora de la misma pueda cubrir las necesidades de las 24 horas sólo con las horas de sol disponibles. Para este ejemplo vamos a considerar factores externos tales como un día sombreado, con una radiación solar promedio y y la pérdida deficiencia de la conversión de la energía directa a alterna a través del inversor.

Volviendo a los 3100 watts, podríamos decir que fácilmente podemos multiplicar los watts consumidos por hora por el número de horas que se van a utilizar, pero como sólo se cuenta con tiempo limitado de luz solar, tenemos que buscar que en este período de aproximadamente 10 horas se produzcan la energía necesaria para un ciclo de 24 horas continuas.

Tomando en cuenta que va haber una pérdida de energía de al menos un 25% podemos decir que, se requiere un sistema nominal de 74400watts (3100w x 24 horas) y agregando la pérdida energética debemos considerar un sistema de al menos 93000 Watts (74400 watts x 1.25 de coeficiente de pérdida).

Colón terior podemos deducir que requerimos un sistema que nos produzca 9300 watts por hora, dado que el tamaño de producción está limitado a sólo 10 horas de radiación solar. En la práctica esto se traduce a tener un sistema de 10 kilowatt hora. El tamaño del sistema the paneles debe considerar dos aspectos: el primero, que la mayoría de los paneles solares comerciales no soportan series de más de 600 voltios, en términos prácticos sería no series mayores a 12 paneles de 48 voltios. (48Voc/600v), dado que la instalación eléctrica de los mismos (dígase las conexiones entre paneles está regida por el grosor de los cables, comúnmente de calibre 10). Por lo tanto en la práctica podemos decir que tenemos que instalar un inversor central de 10 kw el cual va a tener al menos 3 conexiones para series de 600 voltios. También podemos separar la operación de inversores centrales en equipos de 3, 5 o mas kilowatts, es un poco más complicado hacer esta instalación dado que la energía saliente debe de ser separada al entrar al banco de baterías y transformada saliendo del banco de baterías pero sólo se trata de una conexión híbrida de dos series las cuales serían los dos inversores centrales y conectados con las baterías en paralelo. Volviendo con el ejemplo del inversor Central de 10 kilowatt Entonces tenemos que el cálculo de los paneles necesarios para cubrir una producción por hora de al menos 9300 watts es de 31 paneles si deseamos instalar paneles a 320 watts (10,000 watts / 320 watts) o 38 paneles a 260 watts. Estos dos últimos siendo los más comercializados en la industria fotovoltaica. Entonces tenemos que independientemente si tenemos un solo inversor central o tres inventores centrales de menor capacidad o Inclusive microinversores la idea es básicamente producir los 10000 watts por hora para que nuestros equipos puedan operar durante las 24 horas.

Acerca del cálculo del tamaño de nuestro banco de baterías debemos considerar un sistema que pueda suministrar el amperaje durante las horas críticas, digas esto dado que en las horas que tendremos sol debemos además almacenar energía para las 16 horas subsecuentes. Por lo tanto el tamaño de almacenamiento de baterías lo vamos a ir señar como una necesidad de las 24 horas originales más 10 adicionales, dándonos un total de 34 horas de suministro de energía. Hay que determinar Qué amperaje necesitamos por hora, en nuestro ejemplo vamos a requerir 9300 watts estado que sólo tenemos 10 horas para producir la energía necesaria lo sé a los 93000 watts requeridos. Por lo tanto somos exactamente el mismo calculo que realizamos en el ejemplo anterior Entonces dividiremos los 9300 watts por hora entre los 110 voltios con los que cuentan nuestros equipos.

Nota: en caso de contar con equipos que operen a a 220 voltios, el cálculo es Exactamente igual (9300 watts/220v).

Nuestra división nos da un total de 84.54 amperios, por lo tanto si tomamos la batería de referencia de y en la que hablamos durante el capítulo la cual tiene una capacidad de descarga de 229 amperes durante un ciclo de 20 horas, es decir una batería de esta naturaleza ofrece 11.45 amperes por hora en un período de 20 horas. Si nuestros equipos van a operar durante 24 horas a un ritmo de 84.54 amperios esto nos da como calculó contar con al menos 7.38 baterías para un período de 20 horas, pero como para nuestro ejemplo tomaremos en cuenta que sólo tenemos 10 horas y debemos producir 34 horas efectivas de energía entonces multiplicaremos los 11.45 amperes por hora por las 34 horas, lo que nos da un total de 389.3 amperes en un período de 34 horas. Por lo tanto debemos dividir las 20 horas entre 24 horas, con lo anterior, podemos sacar el factor multiplicador para determinar el número de baterías que se requerirían por dia de 24 horas, dando como total un factor de 1.2, este último lo utilizaremos para nuestro cálculo de baterías.

Con los datos anteriores podemos calcular cuántos amperes requeriremos producir generar por hora, en nuestro caso 38.93 amperes por hora. A esto le multiplicamos el factor de 1.2, nos da un total de 46.68 amperes por hora. Lo que se traduce en contar con un banco de baterías que pueda producir los 46.68 amperes por hora, es decir 4.07 baterías, prácticamente 5 baterías para tener un sistema que proporciona el servicio ininterrumpido durante 24 horas.

En este ejercicio calculamos sin mucho margen de error Cómo Debería ser idóneamente Calcula un sistema, siempre es bueno crecer nuestro sistema de baterias un 20 o un 30% de lo proyectado en este caso consideraría, en base a la práctica contar con al menos 6 baterías para así no expresar todo el sistema, dado que a pesar de que las baterías están diseñadas para un cierto número de ciclos de vida de carga y descarga, los sistemas pueden dañarse prematuramente porque la descargamos completamente, si evitamos que se descargue nuestra baterias completamente podemos prolongar su vida en 50, 100 o hasta 200 horas lo que se traducirá en el largo plazo en más valor por nuestro dinero. debemos considerar también que los factores climatológicos juegan un rol importante en la producción de energía, la producción está dada por nivel radiación, por lo tanto un día nublado no dificultar a lograr un escenario ideal, igual un día lluvioso. Lo mismo Aplica para los paneles solares, en la práctica se puede crecer la capacidad del sistema en un 20 o hasta en un 30%, para nuestro ejemplo práctico sería crear un sistema de paneles de 13 kilowatts.

Capítulo 14

cálculo de los sistemas fotovoltaicos Interconectados

en estos sistemas el cálculo del tamaño dependerá al igual que en el ejemplo anterior, de tres factores:

1) Capital disponible
2) Área de instalación
3) Consumo diario

El capital disponible juega un rol muy importante porque tenemos varias maneras de dimensionar nuestro sistemas. La manera en la que podemos lograr dimensionar nuestros sistemas es hacer un balance basado en Cómo podemos invertir de la mejor manera. Por ejemplo SIM ideal de producción energética es de 5 kilowatts por día, pero sólo cuento con capital para un sistema de 2 kw, bien Podría tomar dos alternativas; la primera consistiría en comprar el inversor de 5 kilowatts y con el dinero restante de los costos de instalación, adquirir tal vez menos paneles que produzcan un kilowatt, pero nuestro sistema en el corto plazo lo podemos seguir creciendo sin necesidad de invertir en probablemente otro sistema que sea de 2 kilowatts o mayores que necesariamente nos llevan a tener la producción de 5 kilowatts deseada.

Cuando nos enfrentamos ante estas situaciones, lo ideal es adquirir microinversores, porque podemos seguir creciendo nuestro sistema y no sacrificaremos eficiencia.

El área de instalación es crucial, dado que en algunas ocasiones tenemos espacio limitado, o estamos limitado por los factores externos que ya vemos mencionan capítulos anteriores tales como sombras, cercos, paredes etcétera.

El consumo al igual que en el ejemplo anterior, se realiza una multiplicación del consumo neto de cada uno de los equipos por las horas que opera. Una práctica muy común al instalar los sistemas es diseñar el tamaño basado en los equipos que están consumiendo constantemente energía tales como los refrigeradores, calefacción o sistemas de refrigeración, dado que estos Generalmente sólo se consumen grandes cantidades de energía durante periodos extensos.

después de obtener nuestro cálculo de cuánto se consume en el día, podremos determinar si deseamos cubrir la demanda energética en su totalidad, un 50% o hasta menos. Algunos países cuentan con subsidios a la energía eléctrica, tal es el caso de México, en el cual dependiendo la región, las cuales están determinadas por la temperatura promedio anual, son los kilowatts que subsidian a través de un tabulador. Es decir, zonas con 28, 29 grados centígrados en promedio anual obtienen el mayor subsidio.

Porque mencionó lo anterior? Esto lo mencionó porque en algunas ocasiones si deseamos cubrir nuestra demanda total de energía o hasta en un 50%, debemos considerar si va a ser económicamente efectiva, en términos Llanos si realmente los kilowatts que estamos produciendo serán mucho más baratos que los que adquirimos con subsidio, porque en países como México los primeros cientos de watts son subsidiados, los que cuestan por kilowatt punto 0.05 centavos de dólar, lo que probablemente pueda volver a nuestro sistema costoso y con un retorno de inversión (ROI) mucho muy bajo. En algunos casos siendo de 30 a 50 años.

El ROI es el tiempo promedio en el que ves utilidades en tu inversión después de mantenimiento, inflación e intereses en caso que sea financiado.

Por otra parte los kilowatts que no están subsidiados, dado que somos personas que consumimos más energía que el promedio, Eso sí podemos tratar de producirlos y sólo pagar en nuestro recibo aquellos kilowatts económicos, es decir enfocarnos en pagar los kilowatts qué siguiendo con el ejemplo de México serían de .25 USD. Cómo podemos ver Es una diferencia abismal en lo que se paga de un kilowatt subsidiado a uno no subsidiado.

Cada caso en cada región y cada país es muy distinto, pero siempre como en el ejemplo anterior debemos revisar si nuestro ROI será bueno. Para que un proyecto interconectado se considere un éxito, debe de tener máximo un ROI de 10 años y una excelente en cinco o seis años.

Así que cómo podemos ver, al menos comercialmente, el ROI es un excelente indicador de sí nuestro proyecto es viable, es decir si nos está ahorrando dinero.

Cualquiera que fuere la situación por la cual decidas instalar paneles solares interconectados, ya sea reducir tu huella de carbono, que tu vivienda suba de valor, o ahorrar en recibo de luz, al final podemos coincidir en que será un beneficio a largo plazo para toda la humanidad.